U0185753

WAS IST WAS
珍藏版
德国少年儿童百科知识全书
火山探秘
来自地底的火焰

WAS IST WAS
珍藏版
德国少年儿童百科知识全书
飞机的秘密
人类飞行的梦想

WAS IST WAS
珍藏版
德国少年儿童百科知识全书
船的故事
从独木舟到远洋邮轮

WAS IST WAS
珍藏版
德国少年儿童百科知识全书
穿越大自然
探究与保护

WAS IST WAS
珍藏版
德国少年儿童百科知识全书
爬行与两栖动物
壁虎、林蛙和巨蜥

WAS IST WAS
珍藏版
德国少年儿童百科知识全书
矿物与岩石
闪闪发亮的宝藏

WAS IST WAS
珍藏版
德国少年儿童百科知识全书
恐龙王国
永远消失的地球霸主

WAS IST WAS
珍藏版
德国少年儿童百科知识全书
鲸和海豚
海洋里的哺乳动物

未完待续……

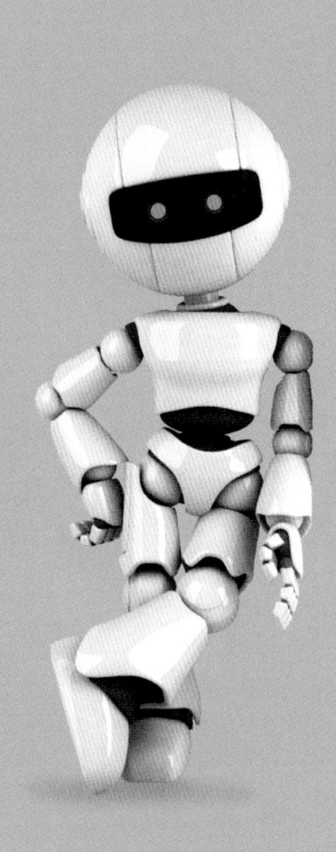

走进热带雨林

地球的绿色宝藏

[德] 雅丽珊德拉 · 韦德斯 / 著　赖雅静 / 译

航空工业出版社

方便区分出不同的主题！

真相大搜查

4

深入雨林秘境，一起探访马达加斯加岛上的狐猴！

4 雨林

12

认真工作中的切叶蚁，它们的口器强而有力。

16 雨林动物

符号▶代表内容特别有趣！

19

你知道老虎很爱游泳吗？

26 雨林植物

垂榕是天生的
杀手植物。

30

让我们认识雨林里的原住民吧!

36 雨林人物

37

42 威胁与保护

48 名词解释

重要名词解释!

狐猴有着大大的眼睛，视力在夜里也非常敏锐。

和狐猴的邂逅

石头湿滑，空气湿冷，帕斯卡正带领我进入位于马达加斯加岛北部山区的马洛杰基国家公园，这里是世界自然基金会努力守护的一片雨林。我准备拜访当地的研究人员，同时观察一种濒危的狐猴类动物——丝绒冕狐猴。帕斯卡住在山脚下的村庄，当地农民靠种植木瓜、香蕉等水果，咖啡和稻米等作物为生。

山脚下，热带地区炽热的太阳高挂在天空，森林深处却相当阴暗。我们爬得越高，气温就变得越低。我把手臂上的水蛭拨掉，这种烦人精最喜欢潮湿的气候了。多亏了帕斯卡不时指点，我才得以看到壁虎、甲虫和马陆等动物，否则光凭我自己很可能什么都看不到，因为这里绝大多数的动物都伪装得太巧妙了。

它们好奇地跳过来

傍晚时，我们抵达了研究人员的营地，第二天他们就带我一同上路。狐猴通常会在高处的树丛间活动，它们笔直地往下跳，脚先落地，并且利用长长的尾巴保持身体平衡。我本来很担心不容易见到狐猴，结果它们不但现身了，而且就在眼前。只见它们丝绒般的皮毛迎着强烈的阳光，在上方大片深绿色叶丛的衬托下显得倍加雪白。

这些狐猴早就习惯了这里的研究人员，一见到我们就跳过来。其中一只甚至直接跳到我身边的藤本植物上，再沿着藤蔓往下溜，一下子就来到我的脚边。我向斜下方望去，它那对圆溜溜的琥珀色眼珠闪闪发亮，接着它伸出长长的手臂挖起一把泥土放进嘴里，随后往上一跳，又离开了。

狐猴为什么要吃泥土？

研究人员解释，狐猴需要这些含有矿物质的泥巴，帮助它们消化难以消化的食物。接着他们指了指在我上方的一只体型较大的狐猴，那只母狐猴正跨坐在一根粗枝上。这时，我也发现了一只小狐猴黑色的脸庞。小狐猴紧紧抓着妈妈柔软的腹部，接着爬上妈妈的背部，大大的眼睛从妈妈的肩膀上方朝我们张望！这正是研究人员期待的时刻，他们立刻把这一幕记录下来。原来这只狐猴宝宝已经跨出了它独立生活的一大步，而我刚好见证了这个时刻！

黑长颈卷叶象鼻虫会把树叶卷成筒状，然后在里面产卵。

这种马达加斯加岛上的雨林蟹，生活在高处积水的树洞里。

丝绒冕狐猴宝宝出生时抓着妈妈的腹部，10天后才会爬到妈妈的背上。研究人员每天观察这些动物已长达一年，对它们的生长过程非常了解。

本书作者雅丽珊德拉·韦德斯在雨林里游访。

狐猴是属于原猴亚目的动物，目前仅存于非洲马达加斯加岛。其中数量稀少的丝绒冕狐猴生活在岛上北部雨林的一小片地区，由于人类非法砍伐树木，使它们的生存受到了很大的威胁。

地球的翠绿腰带

雨林适合生长在终年高温又多雨的地区，而赤道附近的热带地区正好符合这种气候条件。那里几乎一年四季阳光直射，所以特别炎热，昼夜温差甚至比月份间的温差更大。

从海上吹来的风带来了潮湿的空气，也带来了丰富的降水，平均年降水量高达 2000 毫米。稳定又湿热的气候使当地的植物终年常绿，这里没有四季的差别，秋天阔叶树的叶子不会掉落，冬天植物不休眠，春天到了也不会刻意地重新发芽、开花。

许多雨林植物一年有好几次花期，有些甚至同时开花结果。叶片更新的方式也各不相同，有些树一年里会通过几次让叶子完全掉光，另一些却不断让老叶掉落，长出新叶。

你知道吗?

如果没有沙漠，亚马孙雨林就会消失，因为远在 5000 千米外的撒哈拉沙漠会把珍贵的肥料送至亚马孙雨林。曾经有以色列的科学家利用卫星数据推算，每一年，信风都会把 2.4 亿吨的沙土吹过大西洋，其中有六分之一会降落在亚马孙河流域，为这片敏感的生态系统带来所需要的各种重要矿物质。

热带雨林里的 3 只黄蓝金刚鹦鹉。

这只长尾蜂鸟正在采集一种姜科植物的花蜜。长尾蜂鸟和姜科植物都是南美洲次生林里常见的生物。

雨林都是原始森林吗？

雨林并非都是原始森林，反过来也可以说，不是所有的原始森林都是雨林。原始森林指的是自然形成，没有经过人工栽植或破坏的森林，世界各地都可能存在着原始森林。几百年来，这些森林遭到人类大肆砍伐或是改造成人造林，还好在热带地区仍有面积广大的森林，没有被人类利用或破坏过，这种森林就是原始森林，也叫作“原生林”。

原始森林完全或部分遭到开垦后自然恢复的森林，就叫作“次生林”。次生林的植物和原始森林完全不同，例如生长迅速的竹子一旦到处生长，生长缓慢的原始森林大树就没有办法和它们竞争了。原始雨林消失后，再也不会出现那么丰富多样的植物种类，因为原始雨林是由各种相互依存的动植物形成的复杂体系，除非人类拓垦的面积非常小，否则这种体系一旦被破坏，就再也无法恢复原貌了。

雨林和丛林一样吗？

你应该听过“森林王子”毛克利的故事，或者迪士尼电影《奇幻森林》吧？它讲述的是发生在丛林里的故事。而说到丛林，我们想到的是植物茂密、难以穿越的森林。那么，热带雨林也是这样的吗？其实不完全是，比较起来，穿越某些森林要比穿越雨林更困难。典型的原始雨林通常只有边缘地带才难以通行，许多植物为了争取阳光而密集生长。但在森林内部，高处虽然有茂密的植物叶片形成翠绿叶冠，生长浓密的植物并不多，树木为了争取阳光，往往长得相当细瘦且没有分枝，只要不被纠结生长的藤本植物挡路，或是被长长的树根绊倒，我们通常可以轻松走动。

热带雨林和丛林也有类似的地方，例如在印度和某些东南亚地区，气候受季风的影响极大，有持续几个月的雨季和旱季，旱季时树叶会掉落，让较多阳光照射到下方，所以下层林地的常绿植物相当茂盛，这时就需要用弯刀开路才能行走了。

制作玻璃罐里的雨林

材料：

大玻璃罐（容量约 3 升）、两把小石子、全新的花土、迷你植物（例如网纹草）、保鲜膜、橡皮筋、锅、水。

做出自己的迷你雨林

1. 尽量选用无菌的土壤和小石子，以免植物的根部在玻璃罐里因为细菌污染而腐烂，土壤最好选用全新的，小石子也要在锅里加点水，用开水煮几分钟再使用。

2. 在玻璃罐底部铺上两指宽的小石子形成排水层，让多余的水可以流掉，避免植物浸泡在水里。

3. 接着在石子上方撒上薄薄一层土，种下植物，再用土把空隙填满，并且稍微将土压一压。

雨林里为什么会下雨?

亚马孙雨林和你的迷你雨林类似，会出现降水的情况。天气热的时候我们会流汗，树木为避免过热，也会借由叶片蒸发水分来散热。热带地区特别炽热，经由植物蒸发上升的湿气也特别多，这些水蒸气会在高处的大气层凝结成云，正是这些云使得雨林里每天都会降雨，通常还在午后出现大的雷雨。亚马孙平原有四分之三的水平衡来自这种小型的水循环体系，其余的降水则由大西洋大型的水循环体系提供。

这个大型的水循环是这样产生的：赤道附近阳光直射，使得水分大量蒸发，形成潮湿的空气，这些潮湿的空气被信风带往南美洲，在那里降下的雨水经由亚马孙河的水系又流回到大西洋。但这种方式只能满足雨林四分之一的水需求，比较起来更重要的是雨林本身的小型循环体系，而且这种体系只在面积辽阔、彼此相互依存的雨林里才能运作，一旦有大面积的林地遭到砍伐，会连带破坏其他地区的水平衡。

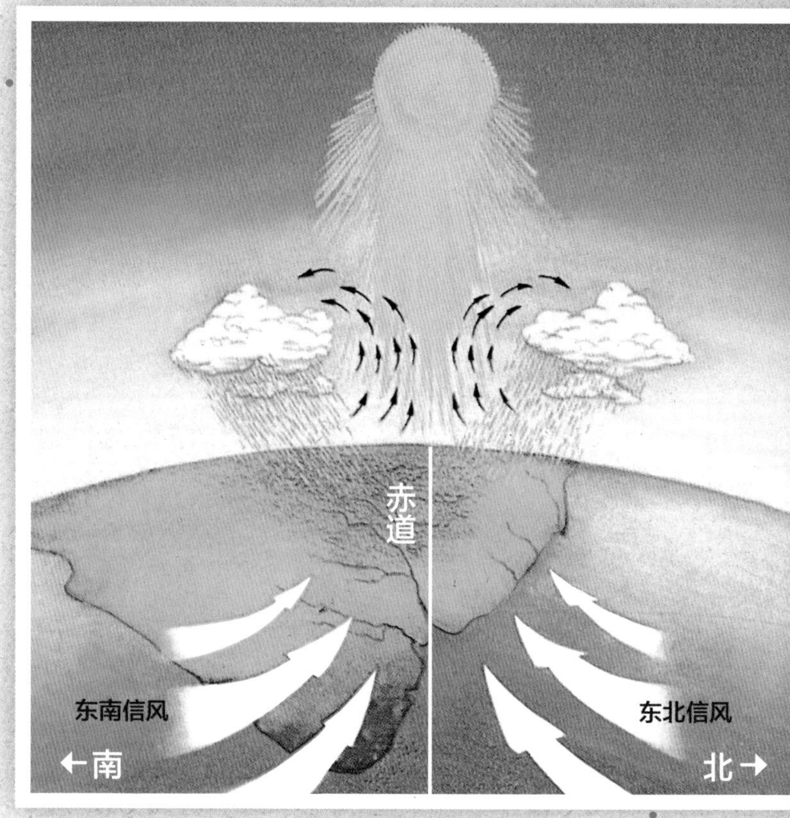

大型的水循环被信风吹越大西洋。许多来自海洋的水在赤道地区蒸发成云，风再把云吹向亚马孙平原，而下雨之后，水又经由河流流回大西洋，由此形成一个封闭的循环体系。

4 现在帮植物浇水，注意不要浇太多!

5 把保鲜膜剪成适当大小，包住玻璃罐的开口，并用橡皮筋扎紧。

6 把你的迷你雨林摆在靠近窗口的地方，让植物能照射到阳光，又能避免直接的日照。很快你就会看到玻璃罐上产生一层水雾，水滴也会沿着玻璃罐表面滴落到土里。这些水会被植物的根部吸收，再经由植物的叶片蒸发，形成一个小小的封闭式循环系统。

大开眼界

一出生就落水

雨林里有些蛙类生活在树上，这是因为雨林的空气非常潮湿，即使在树上它们的皮肤也不会干掉。可是蝌蚪该怎么办呢? 那里上百种的蛙类各有自己的解决办法，有些直接在卵里发育成蛙，有些会把小蝌蚪背到树上的小水坑里，另一些则直接在池水上方产卵，小蝌蚪从卵中孵化出来后，就直接掉进水里。

每种雨林各不相同

亚马孙河

南美洲拥有世界上面积最大、连绵相接的雨林区，面积大约 600 万平方千米。这里遍布着亚马孙河和它的众多支流，雨林里的大部分低洼地区经常被水淹没，安第斯山脉的山坡地区，则居住着和现代世界完全没有接触的各种原住民族群。

中美洲

看到红眼树蛙，我们马上就会想到雨林。红眼树蛙栖息在中美洲哥斯达黎加的热带地区，那里的自然环境和亚马孙平原类似。彩虹巨嘴鸟的喙五彩缤纷，比巴西巨嘴鸟的喙更华丽。

非 洲

在卢旺达云雾缭绕、难以通行的山林里，住着最后一批山地大猩猩。而变色龙则是非洲雨林常见的动物，它们静静地躲在树丛里，一旦发现昆虫便飞快地弹出舌头加以捕捉。变色龙身体的色彩并不是为了配合周围的环境，而是用来表达它们的情绪，色彩可以显示出它们是处于备战状态还是交配状态。

东南亚

亚洲雨林拥有全世界最丰富的物种，印度尼西亚的加里曼丹岛上住着红毛猩猩、长臂猿、天堂鸟和肉食性的猪笼草。大王花的直径最大可达 1 米多，是世上最大的花朵。这种花并不是以美丽的外表，而是以浓烈的腐尸味来吸引昆虫帮它传粉。

中南半岛

每一年，科学家们都会在这一带，特别是在老挝和越南之间崎岖难行的山区里发现新的动植物种类。早在好几百年前，体型相对较小的亚洲象就被人类驯养在森林里工作。现在野生的象群已经很少了。

大洋洲

大洋洲地区的气候大多干燥炎热，但在东北部却出现了雨林。当地雨林中有许多高大的树蕨，以及这里特有的有袋类动物，例如树袋鼠等。到了海岸，雨林转变成红树林，这里栖息着能经受咸水的咸水鳄 。咸水鳄又叫湾鳄，是世界上体型最大的鳄鱼，最长可以长到 7 米!

马达加斯加

马达加斯加的雨林非常独特，这里有体型较小的哺乳动物，其中许多是其他地区所没有的，例如狐猴和夜行性的指猴等。指猴会用瘦长的中指将虫子从树皮里抠出来。

切叶蚁把切断的叶片抬进它们地底下的窝，仿佛抬着一片片的船帆。一个蚁群一年抬进窝里的叶片可能超过 20 吨！

切叶蚁的工蚁负责用口器把叶片切下来，体型较大的兵蚁则负责保护它们。

地球上物种最丰富的地区

世界上物种最丰富多样的地区就是雨林了。雨林面积虽然只占陆地的百分之七，却栖息着四分之三以上的已知物种。雨林的物种这么丰富，主要是因为雨林里昆虫种类繁多，这些昆虫有许多是生活在树冠层，而且还没有被人类发现，也没有科学文献加以记载的。

雨林的物种为什么这么丰富？这个问题的答案还不太清楚，其中一个原因可能是雨林存在的时间已经超过 6000 万年了！冰川时期的原始雨林面积虽然缩小，却还是有相当大的地区保留了原貌，许多物种可以不受干扰，不断发展变异。这种多样性的另一面往往就是稀有性，每种物种的数量通常非常稀少。有亲缘关系的物种外表差别通常不大，但彼此各有不同的特征，例如逐渐演化成以另一种植物为食等。它们生活在小山谷或山区里，历经几千年的岁月，不断形成新的物种，其中有许多是当地特有的，也就是只在那里才有，其他地方都看不到。

科学家亚历山大 · 冯 · 洪堡年轻时曾经游历过亚马孙雨林。

雨林的土地特别肥沃吗？

仅仅几平方千米大小的热带雨林，其中的植物种类就可能比整个欧洲还多。雨林里的大树可以长到 60 多米高，甚至比 20 层的大楼还高，难怪在 1799 年至 1804 年，德国科学家亚历山大 · 冯 · 洪堡游历了中美洲和南美洲以后，得出这个地区的土壤特别肥沃的结论。但是这种想法正确吗？事实恰好相反，雨林下方的土地和沙漠的土地极为类似，不只含沙量高，也缺乏养分，这是因为雨林的土壤少了腐殖层。

在纬度比较高的温带地区，植物的叶子会在秋天枯萎掉落到地面，这些落叶在冬天并不会完全被分解，于是养分逐渐累积，这些养分又可以供应植物在生长期吸收利用。雨林则不同，这里活着的植物本身就是养分的储存者，死去的生物会很快进入生物循环。让生物循环得以运作的是许多微生物和昆虫，其中最重要的是白蚁

白蚁居住在这种窝里。它们会创造出一个等级分明的王国。

白蚁可以消化纤维素，所以能分解木头。

和各类蚂蚁。如果没有切叶蚁的帮忙，亚马孙雨林的养分代谢系统就没办法运作。切叶蚁也算是一种农夫呢，它们在巨大的地下蚁窝中用嚼烂的植物纤维来种植真菌，并以真菌为食，切叶蚁在这么做的同时也分解了五分之一以上的植物残骸。

雨林的植物为什么这么繁茂?

植物大多喜爱稳定的温度和湿度，热带地区的森林可以蒸发许多水蒸气，而且经常有云层遮挡，避免阳光直射，所以不像沙漠那么炎热，植物也能像在温室里那样，生长得特别茂盛。这里没有冬季，植物不会停止生长，雨林里树木的树干也没有年轮。只有生长期和休眠期不断交替的树木才会形成年轮，在气候稳定不变的热带地区，也就不会形成年轮。

本照片由世界自然基金会 /Peter Paul von Dijk 提供

新发现

科学家们对雨林的了解还很少，一直到现在，他们还在不断发现新的动植物种类。这种栖息在东南亚湄公河地区的红眼竹叶青，直到 2012 年才被发现并正式命名。

知识加油站

- 热带雨林大多位于赤道一带，每天阳光照射 12 个小时，而且每天都会下大雨。
- 雨林没有秋天，也没有冬天，那里的植物就像在温室里一样，一整年都繁茂生长。
- 世界上再没有比雨林地区物种更丰富的地方了，但是雨林的地表土壤其实相当贫瘠。

树木和真菌的共生体叫作“菌根”：真菌协助雨林里的树木，吸收其成长所需但地表根部吸收不到的养分。许多树木各有它们特有的共生真菌，所以想在天然生长环境以外的地区，或是在林场栽种热带地区的树木，很容易失败。

阳光争夺战

我们可以把雨林想象成一栋四层楼的房子，在最高处，炽热的阳光照射在屋顶上，下方则比较阴凉。当然，实际上每个楼层之间的界线并没有这么明显，特别是藤本植物和附生植物。另外，有些动物也会在较高和较低的楼层之间来回活动。

一楼地表层

在健康的雨林里，灌木和草本植物相当稀疏，日照稀少，只有 2% 的阳光会照射到森林的地面，雨水也较少。但是对某些动物来说，这种环境非常理想，因为这里没有风，湿度很高，而且日夜温度都差不多。

二楼灌木层

长到这种高度的树木，大多想努力长得更高，以便获得更多阳光。因为这里仍然相当阴暗，下过雨以后，湿气几乎不会蒸发，所以湿度极高，温度也相当低。

三楼树冠层

茂密的树冠层就跟温带地区的草地同样热闹，这里有多得数不清的昆虫和蝴蝶在芒果、腰果和橡胶树上方飞舞。但是在白天，这里像沙漠一样炎热干燥，动物们大多躲在树叶间阴凉的地方。

阁楼突出层

高耸的美洲木棉树或巴西坚果树的树顶从树冠层伸出来，这些树木非常高大，它们通常是侥幸逃过危险、在林地上幸存下来的。在这么高的地方很少有动物停留，因为这里的生存条件非常严苛，白天炎热，夜晚寒冷，而且风力强劲。当雷雨来临时，大雨会从树枝间哗啦啦地落下。

突出生长的参天巨树 60米及以上

100% >1.5米/秒 <60% >35℃

金刚鹦鹉

南美浣熊

茂密的树冠 20~40米

25%~100% 1~1.5米/秒 60%~75% 30~35℃

较低矮、年轻的树层 10~20米

10%~25% 0.5~1米/秒 约80% 25~30℃

蚺 蛇

灌木与草本植物层 0~10米

2%~10% <0.5米/秒 >90% <27℃

犰 狳

日照（百分比） 风速（米/秒）

湿度（百分比） 温度（摄氏度）

在小环境里求生存

19 世纪的英国自然科学家查尔斯·罗伯特·达尔文彻底颠覆了当时人们对世界的看法，他推翻了动植物与人类由上帝一手创造的观点，认为所有的生物都是历经数以百万年计的岁月，通过大自然的筛选演化出来的。

达尔文的这种观点主要是他在游历热带地区、从事研究工作时发展出来的，他认为物种并不是在唯一一次的创造行动中形成，而是为了寻求更好的生存机会而逐渐演化的。例如原本同一类的蝴蝶会不断形成其他种类，这些生活在同一个环境里的蝴蝶，原本会相互竞争，但由于它们逐渐演化成以不同的植物维生，所以这些不同的种类，都可以在雨林小范围的生态环境中存活下来。

查尔斯·罗伯特·达尔文（1809 — 1882）在一次热带之旅后提出生物学上的新主张。

推论正确：
这种蛾的口器可以伸展到 40 厘米长。

天作之合

大彗星风兰的花朵有一个特别长的管状突出物，叫作“花距”，最长可达 40 厘米。第一次见到这种产于马达加斯加岛的原生兰花时，达尔文就推测：世界上一定存在着某种口器特别长，能深入“花距”里吸食花蜜，同时帮大彗星风兰传播花粉的天蛾。40 厘米长的虹吸式口器？听起来很不可思议，但却真实存在。在达尔文逝世多年后，终于有人在 1903 年发现了一种口器伸长后恰好可以配合这种兰花的蛾类。为了纪念达尔文，科学家们把这种蛾叫作 Xanthopan morgani praedicta，而 praedicta 在拉丁语中的意思是“有人预言过的”，用来纪念达尔文曾预测到这种蛾。

躲藏起来的丰富物种

第一次探访亚马孙流域时我很失望，我原以为不管走到哪里都可以见到稀有动物，结果看到的却是蜜蜂、蚂蚁和白蚁。虽然世界上大约有百分之九十的物种生活在雨林里，但其中大部分是昆虫、两栖动物和爬行动物，需要拥有特别训练的好眼力，或是像马克思这样的向导，才能发现它们的踪迹。

马克思是巴西的自然生态向导，我和他在雨林里停留了几天，他知道动物饮水的地点，也知道该如何悄悄靠近它们。生活在地面的哺乳动物往往非常胆小，像貘等许多动物总是独来独往，要等到黄昏来临时才外出活动。如果能看到貘该有多好！

在我们头顶上方，树叶间传来了一阵窸窣声，树枝也开始摆动，原来是一群卷尾猴在俯视着我们。现在我也知道，想发现猿猴还挺容易的，它们往往沿着固定的路线活动，而且非常吵闹。除此以外，雨林里通常相当安静，要等到夜晚才会传来各种声音。这时我听到了一阵唧唧声，我问："这是哪种鸟？"马克思笑了笑，原来那是青蛙的叫声！

我们在雨林中央搭起帐篷，还用棕榈叶清扫地面，免得有蛇躲在我们的营地里。当我们坐在火堆边时，忽然传来"咔嚓"一声，马克思转身用手电筒照过去，在那里出现了一颗类似马头的脑袋。有那么一瞬间，我就这样和一只貘面对面，接着它就迅速没入黑暗中了。

1.角雕
2.卷尾猴
3.红吼猴
4.巨嘴鸟
5.美洲红鹮
6.美洲豹
7.凤冠雉
8.西猯
9.凯门鳄
10.水豚
11.三趾树懒
12.夜猴
13.蜘蛛猴
14.亚马孙鹦鹉
15.美洲鬣蜥
16.蚁窝
17.小食蚁兽
18.负鼠
19.蜂鸟
20.金刚鹦鹉
21.南美浣熊
22.松鼠猴
23.貘
24.红尾蚺
25.喇叭鸟
26.薮犬
11
12
13
14
15
16
17
18
19
20
21
22
23
24
25
26

一楼 地表层的动物

马陆又称千足虫，它们虽然没有 1000 只脚，却也有几百只。这种火红色的大型马陆生活在马达加斯加，能为当地的林地松土。

雨林最下方的这一层几乎漆黑一片，这里寸草不生，怪不得在雨林的地面上以植物为食的动物不多，就算有些草食性的哺乳动物，体型也大多偏小，需要的食物也较少。这些动物吃的主要是蕨类、果实或水生植物，有些也吃较矮小的树木的叶子。至于生活在亚洲，以及中、南美洲的四种貘类动物，它们的上唇和鼻子演化成了强有力、稍微突出的口鼻，这是它们从树枝上摘取叶子的工具。貘和马、犀牛有亲缘关系，是相当稀有的动物，想见到它们非常不容易，它们是夜行性动物，总是独来独往，分布的地区相当分散，以免彼此竞争食物。

食肉动物的猎物稀少

基于相同的原因，只有极少数的食肉动物在地表层活动。食草动物稀少，这就表示以食草动物为食的兽类能找到的猎物也较少。同理，这里也不太可能出现鸵鸟等大型鸟类，只有在新几内亚和澳大利亚的雨林里才有不擅长飞行的南方鹤鸵的踪迹。南方鹤鸵可以长到 1.8 米，主要以果实为食，为了一整年都能找到足够的食物，南方鹤鸵需要广大的林地，彼此之间则以非常低沉的叫声沟通，声音可以传得非常远。

雨林里的大群劳工

地表层虽然难得见到大型动物，这里的土壤中却住着密密麻麻的小型居民，比如蚂蚁、甲虫、蠕虫等无脊椎动物。它们会把植物残骸嚼碎，再由微生物加以分解。种类繁多的多足类动物也忙着翻掘这里的土地，把土壤弄松。遇到危险时，它们就把身体蜷缩成螺旋状，利用甲壳保护自己。在马达加斯加岛上，有一种比较大的无脊椎动物，身体蜷缩起来后有一颗橙子那么大！

所有种类的鹤驼（又叫食火鸡）头顶上都长有骨盔。

生活在雨林地表层的动物大多身躯粗短，以便于在茂密的林地上活动。

刺豚鼠－南美洲

草原猯－南美洲

马来貘－东南亚

斑背小羚羊－非洲

西里伯斯野水牛－东南亚

斑鼷鹿－亚洲

小心，捕食者来了！

黄金蟒

有些蛇不用毒液，而是用身体缠绕的力量把猎物勒死。亚洲黄金蟒的颌部富有弹性，可以把体型跟自己一样大的动物整个吞进肚子。饱餐一顿后，它们往往一整天动也不动。某些黄金蟒的长度可以超过 5 米！

虎、豹等猛兽

雨林里只有亚洲虎等少数的大型食肉动物活动，它们的猎物非常稀少，一旦发现了猎物的踪迹，就得想办法抓到。老虎皮毛上的条纹图案，和雨林下层丛林中的光影变化极为类似，它们和其他猫科动物不同，非常擅长游泳。亚马孙雨林中的大型食肉动物是美洲豹，在非洲则是花豹，它们身上的图案像闪烁不定的光点。

大兰多毒蛛

有些大兰多毒蛛可以长到巴掌那么大，它们捕食蟋蟀、蝗虫、蟑螂等昆虫和一些小型的爬行动物。大兰多毒蛛会用毒液将猎物的身体分解，再吸食它们的体液。大兰多毒蛛是雨林里对抗害虫的存在。人类如果被这种毒蛛咬到，虽然疼痛，但通常不会有太大的危险。

不可思议！

行军蚁总是组成蚂蚁大军在雨林里活动，所有逃得太慢的动物，都会成为它们捕食的对象。行军蚁的数量可以多达上百万，一些小型的蜥蜴根本不是它们的对手。有些聪明的鸟类会跟随这群庞大的捕食队伍，追捕行军蚁没抓到的昆虫。

犀鸟必须把头往后仰，才能让猎物通过巨大的鸟喙，落进咽喉里。

角雕是最强壮的隼形目动物之一。看，这只角雕的冠毛都竖起来了！

三楼树冠层的动物

经过漫长的演化，许多动物离开了它们原来生活的地表层，来到雨林比较高的地方定居，其中包括袋鼠、食蚁兽等常见的地表动物。由于地表层很少有草本植物或灌木生长，这些动物大多在树冠层寻找叶片、花蜜和多汁的果实作为食物。

在雨林以外的地区，蝴蝶大多成群地在开着花的草地上活动，但雨林里的蝴蝶却在花朵盛开的树冠上飞舞。蚱蜢一类的直翅目昆虫也不是在草叶上，而是在翠绿的树叶丛间跳跃。不只是昆虫，就连蜂鸟、吸蜜鹦鹉、花蜜鸟等协助花朵传播花粉的鸟类，也都以树梢为家。体型较大的鸟类，例如色彩鲜艳的金刚鹦鹉、犀鸟、巨嘴鸟则爱吃果实，它们用强壮有力的鸟喙把坚硬的坚果和种子咬碎。各种猴类吃的是多汁的水果，青蛙和壁虎则喜爱捕食昆虫，至于毒蛇和肉食性猛禽则捕捉体型较小的哺乳动物。等到夜里，就轮到蝙蝠外出觅食了。

鼯鼠和金花蛇虽然不会飞，却能在树枝间滑翔。

美洲鬣蜥经常蹲踞在树梢晒太阳，它的外表犹如一只小恐龙，主食却是植物。

对树木的研究

虽然超过三分之二的雨林动物都生活在树冠层，但一直到几十年前，科学家们才有机会了解树冠层的情况。对这里进行研究并不容易，科学家们必须搭乘飞机，再驾驶树顶气筏从空中降落到树冠层。在研究过程中，会用到起重机来搬运研究设备。为了方便行动，科学家们还需要在树木间搭起吊桥，甚至得利用飞行热气球出行。这些研究计划大多依靠观光旅游的收入资助，多亏了这些资金，我们对雨林生态的认知才能一年比一年深入。

世界纪录

5千米

从很远的地方就能听到吼猴沙哑的吼叫声。吼猴是世界上叫声最响亮的动物之一，雄吼猴以非常特殊的发声器官，警告竞争对手远离自己的地盘。

马来西亚兰卡威的天空之桥蜿蜒 125 米，让游客们有机会在雨林顶层漫步。

蜂鸟的翅膀一秒钟可以拍打 90 下，因此可以悬停在空中。

知识加油站

- 昆虫是雨林里数量最多的动物。
- 许多在其他地区生活在地表的动物，在雨林里却栖息于高高的树冠层。
- 捕食者和猎物的关系相当紧密，如果其中一方灭绝了，另一方也会跟着消失。

雨林里的懒惰鬼

只有两个原因，才会让树懒离开空气流通的树冠爬下来，一是为了寻觅美味的树叶而爬到另一棵树，二是为了排泄，不过它们一周只排泄一次。树懒来到地面上就会变得不知所措，只能慢吞吞地爬行，所以就连生宝宝都是吊挂在树上完成的。不过树懒是游泳高手，遇到危险时“扑通”一声跳进水里，是它们逃生的好办法。

大部分的时间里，树懒都一动也不动地躲在树上，就算它们伸手摘取食物，动作也是慢吞吞的。不过，树懒其实不懒，这是一种巧妙的生存方式，因为不动，就不会那么快被角雕等敏锐的天敌发现，缓慢动作耗费的能量也较少，难怪树懒的体温虽然只有33℃也没关系。到了夜里，雨林中温度下降，睡梦中的树懒体温甚至会降到24℃，以便降低热能的消耗。它们只要在第二天像变温的爬行动物一样晒晒太阳，就可以恢复活力了。另外，科学家们还发现，野外的树懒一天只睡大约9.6个小时，在动物园里生活的树懒却要睡上16个小时以上。不过，和大洋洲的考拉相比，树懒睡得还算少了。考拉一天要睡上20个小时，却没有人说它们懒！

树懒的迷彩装：

雨季的时候，树懒的身上会长满藻类，形成绿色的保护图案，当树懒一动也不动时，几乎很难发现它们的踪迹。另外，某些昆虫也喜欢躲在树懒的皮毛里，它们不仅不会让树懒发痒，反而能形成理想的掩护。

用多个胃室消化坚硬的食物

只有中、南美洲才有树懒的踪迹，依据前肢的趾爪数目，我们可以将树懒分为三趾树懒和二趾树懒。树懒和猴子不同，它们吃的不是富含热量的果实，而是营养贫乏、需要许多时间啃咬的树叶，嚼碎的植物纤维需要一个星期才通过整个消化系统。树懒的胃分为多个胃室，胃里的菌类会努力把食物里的营养素提取出来。只有少数几种树懒偶尔会吃些果实和昆虫，这时它们的动作当然也同样是慢得不能再慢啦！

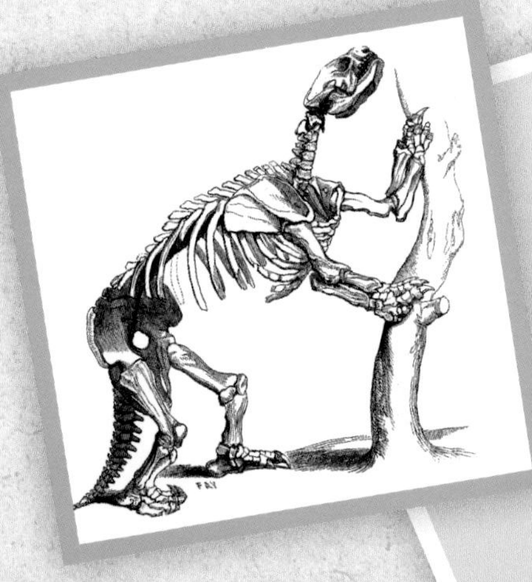

你还记得电影《冰川时代》里的希德吗？3500多万年前，地球上还没有猿类的时候，树懒就已经存在于地球上了。不过，当时的树懒并不像希德那么活泼好动，反而是笨重的庞然大物。人们曾在智利发现大得像头公牛的树懒骸骨，这种大型树懒生活在地面上，所以叫“地懒”，大约在12000年前灭绝，原因很可能是遭到大规模猎杀。

颠倒的世界：树懒的毛从腹部往背部长，便于让雨水顺着毛发流掉而不会浸湿身体。另外，它们有两层不同的皮毛，下层毛短而密，上层毛长而杂乱。

树懒的趾爪强壮有力，形状弯曲有如镰刀，树懒把趾爪掐进树皮里，即使是粗壮的原始林木也能爬得上去。森林里的工人学会了这一招，他们也在脚上装上类似的金属钩。树懒锐利的趾爪也是一种防御工具，它们挥爪攻击时的威力也是不容小觑的。

你能把身体倒挂着吃东西吗？会不会觉得胃都快顶到咽喉了？要不是在漫长的演化过程中，树懒内脏的位置改变了，它们一定也会同样觉得难受的。树懒的胃消化速度很慢，而且没有胆囊。

除了角雕之外，树懒最大的敌人就是人类了。栖息在亚马孙河沿岸的树懒会遭到人类猎杀，被当成食物或做成鞍垫，某些印第安部落甚至会把树懒的头颅晒干用作他用。不过，这些猎杀行为还危害不到树懒的生存，人类火耕和砍伐林木的行为对它们造成了极大的威胁。

伪装和隐藏

这是一种袖蝶的米勒氏拟态：鸟儿知道这种蝴蝶不能吃。

贝茨氏拟态：这种没有毒的王蛇外表模拟了有毒的珊瑚蛇，只是颜色顺序不同。

弱肉强食是雨林里的自然法则，越是善于躲避天敌的动物，存活的概率就越大。因为在雨林里是没办法迅速逃跑的，于是许多动物便演化出巧妙的伪装方法，比如许多种蝴蝶五彩缤纷的翅膀是模仿叶丛间细小的光点反射，让天敌看不到自己。还有些动物不只利用色彩，连身形都模仿周围的环境，例如有些蛙类看起来就像枯萎的叶片，有些动物的幼虫外观像花朵，而有些竹节虫看起来就像细小的树枝……没有经过特别训练的人，即使站在它们面前也认不出来。

拟　态

动物们还有一种自我保护的方法，就是模拟凶猛或难吃的动物外观，好把天敌吓跑。蚂蚁骁勇善战，大部分的动物都不敢攻击它们，因此成为许多动物喜欢模仿的对象。科学家把一种动物模仿另一种动物外观的伪装手法叫作“拟态”，其中最著名的是以亨利・沃尔特・贝茨的姓氏命名的“贝茨氏拟态”。贝茨花了 11 年的时间收集亚马孙地区的动植物，并且像达尔文一样，探索物种起源的问题。他在为自己所收集的蝴蝶进行分类时发现，有几种蝴蝶乍看之下极为相似，仔细研究却发现它们之间并没有亲缘关系。

另外他还观察到，最常被模仿的蝶类也是鸟类最不爱吃的，于是他得出了一个结论，认为比较稀有的物种会模仿不好吃的物种外表，让自己看起来像是不好吃的模样，这种模仿方式又叫作“防护性拟态”。另一种拟态方式，则是所有不能吃的蝴蝶种类的外表都非常类似，这是德国生物学家弗里兹・米勒首先观察到的，称为“米勒氏拟态”。他认为捕食者发现了有着某种外观的蝴蝶是不能吃的，如果另一种不能吃的蝴蝶也长得很相似，那么捕食者就会更快发现这个现象，其他长成这个样子的蝴蝶种类就也提高了存活概率。

这种尺蛾幼虫的伪装很巧妙，谁会想吃干枯的树枝呢?

叶尾守宫紧紧贴在树皮上，不仔细看根本不会发现。

这只刺蛾的幼虫看起来就像是树枝的一部分。

这到底是一片枯叶还是蓝色的蝴蝶呢？怪不得它的名字叫作“枯叶蝶”。

小心，有毒！

再没有哪个地区像热带雨林这样，栖息着这么多有毒的动物了。那里不只有毒蛇，就连有些鸟类和哺乳动物，也都有各自的化学武器。比如新几内亚有一种叫作黑头林鵙鹟的鸟，会吃下有毒的甲虫，让自己带有毒性。而生活在印度尼西亚的小型灵长类动物蜂猴，手臂上的腺体分泌物和唾液混合后会产生毒素，还会将毒液涂抹在小猴的皮毛上。为什么有这么多的雨林动物使用天然的化学武器呢？这是因为雨林里动物非常密集，随时随地都要为了争夺食物和地盘而竞争，所以许多动物依赖的不仅是身体上的优势，还有鲜艳的色彩，从远处就散发警告信号，让对方知道它们不是好惹的。

你知道吗?

世界上毒性最强的动物之一居然是体型非常小的蛙类！箭毒蛙只有5厘米大，但它们确实名不虚传，哥伦比亚印第安人中的乔科族人，只要把吹箭的箭头在箭毒蛙的背上轻轻摩擦几下，就能让箭头染上致命的毒性。箭毒蛙的皮肤会分泌由数种毒素组成的致命混合物，每千克的体重只要注入0.002毫克就可以致命。仅仅20分钟后，中毒者就会因为肌肉瘫痪、呼吸困难而死。箭毒蛙通常以鲜艳的体色，比如和山椒鱼相同的黑黄体色或是像蜘蛛侠般的红蓝色，警告其他动物——不怕死的就来试试！

不可思议！

你敢把手伸进这个手套里吗？里面有一群将近3厘米长的蚂蚁等着咬你呢！如果被它们咬到，感觉就像被子弹射到那么疼，而且这种疼痛会持续24小时，所以这种蚂蚁又叫作“子弹蚁”或“24小时蚁”。在玛威部落的成人礼上，年轻的男孩子必须把手伸进这种将子弹蚁和棕榈叶编织在一起的手套，以证明自己已经成为真正的男人，这时会有鼓声和歌声鼓励他们忍受痛楚。

绿色奇迹

阮安在一棵粗壮的树干前停下脚步，用刀在树皮上划过，刀痕下立刻流出树脂来。阮安用手指搓了搓这种树脂让我闻，气味就像薄荷叶那样清新有劲。他说："这是因为树脂中含有精油。"由于很容易燃烧，当地居民将这种树脂用作天然的灯油。接着才走了3步，他又停下来，用刀子剥下一棵藤本植物薄薄的外皮，露出里面泛着红色的木质部分，说："把这个用来泡茶喝，对治疗肚子痛很有效。"就这样，我们漫步在这一小片拥抱着小村落的越南雨林里，几乎每走几米就会停下脚步。

阮安从小就在这里长大，他认得这里绝大部分的树木和植物，也知道它们的用途。想确认看到的是哪种树木时，他并不像我们那样观察枫树或栗树的树叶，因为这里的树冠往往位于相当高的地方，我们的视线都被其他植物的绿叶遮住了，根本看不到想观察的树叶，所以阮安都是根据树干的差别来判断树种。但这里生长的许多树的树皮看起来非常类似，大多光滑、呈现灰色并且布满苔藓，因此阮安凭借的是其他的感觉器官：先搓揉树皮或木质纤维，再嗅闻气味，有时还会舔一下，尝尝味道。

雨水沿着排水槽流到叶片末端滴落。

芒果幼苗的叶子呈红色。

拥有排水槽和散热器的叶片

叶子是植物的发电厂，可以利用光合作用把光能、水和二氧化碳转变成有机物。在雨林里，植物的生长环境差别极大，地表层光线不足，树冠层的阳光又过于炙热。雨林里的树木从幼苗到长成参天巨树，必须经历这两种极端的条件，所以在它们一生中，叶子的形状也会因此发生变化。

许多长时间生长在阴暗地方的植物幼苗，和一些蕨类的叶片会呈红色。科学家猜测，这些红色色素能让叶子在进行光合作用时，更充分利用到达地表的少数光线。而长到高处时叶片就会变硬，并且转成深绿色。

某些开垦林地残留下来的树木，能像太阳能电池板那样调整叶片，只是方向恰好相反：天气晴朗时，叶片会把狭窄的一侧转向太阳。从垂榕可以清楚了解热带雨林植物的这种特性：叶片表面非常光滑，中间有条排水槽，末端拖着一个长尾尖，这种形状可以在雷雨过后迅速把水排掉，避免藻类、苔藓覆盖绿色的叶片，阻碍叶片吸收光线。

叶片表面的蜡质能防止叶片变干。

这些深入叶片的缺口能减少阳光曝晒的面积。

这种开红花的蔓长春花生长在马达加斯加，能治疗白血病。

雨林是个大药房

藤本植物可以抗癌，树皮可以治疗疟疾，这并不是神话！

我们如今已知的具有抗癌功效的 3000 多种植物，有百分之七十来自雨林。生长在马达加斯加的一种开红花的蔓长春花，就含有治疗白血病的有效成分，从 20 世纪 60 年代到现在，每 5 名白血病儿童里就有 4 名因为蔓长春花的功效，克服了这种危险的疾病成功存活下来。

治疗疟疾的重要药物奎宁（又叫金鸡纳霜）也来自雨林，是从南美洲金鸡纳树的树皮中提炼出来的。亚马孙地区的印第安人所知道的药草植物远超过 1000 种，但是其中绝大部分都还没有经过科学研究。

另外，印第安人代代相传的作为箭毒使用的物质，如今也被应用于外科手术中，可以使肌肉松弛。

从前，许多天然药物必须努力争取才能被西方工业国家认可，现在则有许多制药集团积极在雨林里从事新药物的研究，并将提炼自这些植物的有效物质申请专利，以便垄断资源获取更大利益。但是这些植物所生长的国家却往往没有获得任何补偿，这种情况叫作“生物剽窃”。

喀麦隆人依照传统，会以这种绿花恩南番荔枝的黄色树皮来治疗疟疾，但它的功效还没有经过科学证实。

攀缘和附着

许多雨林植物必须想些巧妙的办法，才能在参天巨木的旁边争取活路，不被大树茂密的树冠抢走所有的光线。一些小型的植物干脆长在树上而不是长在地面上，这种植物叫作“附生植物”。它们一直生长到高处不但可以距离阳光更近，也不需要自己长出主干。

雨林里的附生植物大多和槲寄生植物不同，它们不是寄生植物，不会吸取所附着树木的养分，也不会对它们造成伤害。但例外的情况是，有时附生植物长得过重，会把宿主植物的枝丫压断。许多兰科植物、凤梨科植物与相当多的蕨类都属于附生植物，它们为树冠层增添了四分之一的植物物种。另外，有了这些藤本植物，动物们攀爬到食物丰盛的树冠顶上觅食和嬉戏也就更加方便了。

凤梨（菠萝）

野生凤梨科植物

自成小生态的凤梨科植物

你发现它们的相似性了吗？凤梨（菠萝）是一种人工培育的植物，叶片类似仙人掌叶，果实是我们大家都熟悉的水果。不过人工培育的凤梨生长在地面上，而野生凤梨科植物却大多是附生植物，它们在通风的高处自成一个小生态：凤梨科植物的叶片坚硬，向上挺起形成漏斗状，里面最多能储存 10 升的水，这些水不仅可以供应至它们的根部，也能供应许多树梢上的动物所需的饮水，而且这些小水池甚至还是蝌蚪和昆虫幼虫的好住处呢！

已知的附生植物约有 28000 多种，其中大部分是蕨类植物。

兰科植物大多是附生植物。

这棵死去的树上长满了凤梨科植物。

木质藤本植物长成后，藤蔓会木质化。

缠绕攀爬的木质藤本植物

刚开始沿着树干向上爬时（左图），这种藤本植物既幼小又柔嫩，它会先找到能够倚靠的树木，接着努力朝有阳光的地方生长，等来到了高处，就直接在高处长出茂密的枝叶，不需要自己长出粗壮的树干。木质藤本植物的藤蔓可以悬挂在树木之间长达 100 多米，并且形成气根，等到它们的藤蔓木质化以后，甚至可以长到人类的大腿那么粗。但木质藤本植物的弹性通常不够好，无法让我们像“人猿泰山”那样在树林里摆荡，不过它们的藤蔓可以当成绳梯或是秋千使用。伐木工人很怕这种植物，因为树木倒下时可能会扯断藤蔓，致使藤蔓从空中快速荡下来时伤到人。

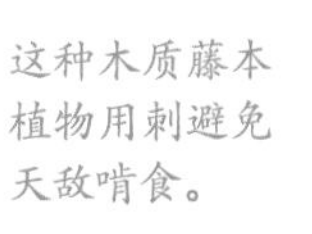

这种木质藤本植物用刺避免天敌啃食。

天生杀手

树皮上的刺能保护年轻的美洲木棉。

你能想象，世界上有从上往下倒长的植物吗？垂榕的种子先在树冠发芽，长出附生的柔嫩幼苗并且垂下细细的气根。气根抓紧地面后会逐渐长成错综复杂的木质组织，这种木质组织就跟树干一样稳固。这样过了几年后，提供地方让垂榕发芽的宿主植物就会慢慢被生长壮大的垂榕缠绕勒死。

植物如何保护自己?

玫瑰用刺保护自己，而雨林植物也大多发展出一套自己的办法，以避免被动物吃掉。植物在接近地面的地方往往长有黄红色叶片，看起来像不能吃的枯叶；另有一些植物则以硬刺或带有苦味的成分让动物难以下咽；白蚁连木头都咬得碎，但某些树还是有办法对付它们：这些树会分泌树脂或其他物质来保护自己，某些物质甚至有毒。另外，一些雨林树木长成后树叶的形状会改变，有些则改变树皮。例如：美洲木棉年轻时树身带有刺，以免自己成为动物的食物，长大后树皮就变得光滑了。垂榕会危害雨林里的大树，某些树木为了避免被垂榕缠绕，每隔一段时间树皮会完全脱落，顺便摆脱身上的其他附生植物，以免有一天身上会布满无数的不速之客。

食肉植物

植物通常从土壤吸收养分，但是世界上也有用陷阱引诱昆虫、帮自己加菜的食肉植物。不过食肉植物并不是把昆虫直接嚼碎了吞下肚去，这种分布在马达加斯加、菲律宾和印度尼西亚的猪笼草，会在它们的捕虫笼里制造花蜜和一种酸性消化液。捕虫笼的内壁带有一层光滑的蜡质，想进入捕虫笼内部吸取花蜜的昆虫一不小心就滑进去，溺死在底部

猪笼草捕虫笼上的盖子能遮挡雨水，避免消化液被雨水稀释。

第一阶段

垂榕幼苗在某棵树高高的树冠上生长，并且在树干附近垂下细得像丝线一样的气根，让气根钻进地面。

第二阶段

吸收了土壤养分的气根越长越粗壮，并且相互联结，上方的叶片也形成茂密的绿伞。

第三阶段

气根网越来越密，紧紧缠勒住宿主树干中输送水分、养分的维管束，而垂榕茂密的叶伞也把阳光抢走，宿主树木越来越难获得所需要的养分。

第四阶段

垂榕把宿主树木缠绕勒死，而它们纠结的气根也长得相当稳固，形成一个中空主干网。

占领者

垂榕的种子通常随着鸟粪传播到各地，只要在有阳光和水的地方，甚至连墙缝里都能发芽成长，就像这座位于柬埔寨吴哥窟的古老寺庙。

的消化液里，尸体几天后就被分解了。某些猪笼草甚至可以捕食小型蛙类和鼠类。

如果捕捉到的猎物太多，就可能造成捕虫笼堵塞。所以有些猪笼草里住着蚂蚁，这种蚂蚁不怕猪笼草的消化液，能将过多的昆虫从捕虫笼里拖出来充当自己的食物，同时也为猪笼草减轻负担。

大开眼界

房　客

猪笼草的消化液不会对加里曼丹岛的哈氏彩蝠造成伤害，哈氏彩蝠喜欢睡在猪笼草的捕虫笼里，并且在那里排泄。这种做法听起来好像很过分，其实恰好相反：猪笼草能分解哈氏彩蝠粪便里的含氮化合物加以利用，所以哈氏彩蝠其实是乖乖缴了房租。

又宽又广的根脚

雨林树木的根长得并不深，往往只钻到地表下不到 30 厘米的深度，因为雨林大部分的养分都分布在这里。树根这么浅当然无法支撑高达 60 米、顶端偶尔还会吹起狂风的高大树木，于是支撑树身的任务就由板根来执行了。板根又叫板状根，是从树干基部长出来的突出物，形状像翅膀，非常宽阔，高度可达 10 米，能把沉重的树身重量分散到比较大的面积上，功能就像圣诞树的底座。另外，支持根也具有这种功用，只不过它们的方法不同，支持根会在离主干有一段距离的地方才往下生长，然后钻进地下抓牢土地。

热带林木为何这么珍贵?

热带雨林的木材匀称又美观，这是因为原始林里的大树想要赶快长到有阳光的地方，所以长得特别笔直，不会浪费时间形成许多枝丫。再加上热带地区没有季节的差别，树木没有休眠期，不像有些林木的树干内会形成显示休眠阶段、提供我们判断树龄的年轮，也就是说，热带林木没有杂乱的纹理，也没有枝痕或奇怪的形状。而且热带林材往往极为坚硬，还有些树木中含有天然树脂，例如柚木或俗称玉檀的巴劳木能防水和防腐。

这种原始雨林里的参天巨树有着强壮的板根支撑，即使在光秃秃的岩石上也能屹立不倒。板根裸露在地面上，却和圣诞树的底座一样具有强大的支撑效果。

有了电锯，如今砍伐原始森林的大树已经是小菜一碟了。当一棵大树倒下时，在它附近较小的树木也会跟着被砸倒。

为何有这么多雨林遭到砍伐?

这些让树木在雨林里安全成长的特性，如今却为它们招来了厄运。例如不怕风吹雨打、坚硬的木质，最适合用来建造房屋、船只甲板和阳台家具，而黑檀木和玫瑰木适合用来制造吉他等乐器。

这些珍贵的木材价格高昂，导致雨林经常遭到商业利益驱动的大肆砍伐，连保护区的树木也逃不过非法砍伐的厄运。想要杜绝盗砍林木的恶行几乎是不可能的，因为想要完全监控这些林地非常困难。

从前砍伐原始森林很不容易，伐木工人必须先在树干旁边设置工作平台，再用手动的锯子从板根上方将树干锯断，而用来砍伐硬木的斧头和锯子，也会很快变钝，需要重新打磨。

热带林木最适合户外使用，因为它们具有天然的防水功能。

但现在改用电锯伐木之后，这些都不再是问题了，大型木材公司可以使用重型设备砍伐树木，并且通过雨林中修建的公路轻易地运送出来。但这么一来，雨林生态就遭到了严重的破坏。

支持根在离主干一段距离的地方伸进土壤里，三脚架也是运用同样的原理。

知识加油站

- 中美柚木不怕天气变化，不易燃烧，甚至不怕白蚁破坏。
- 重蚁木生长在南美洲，是世界上最硬的木材之一。
- 桃花心木和玫瑰木因为红色的色泽和优美的纹理而深受人们喜爱。

水面下的森林

亚马孙河是地球上水量最丰沛的河流，每秒流入大海的淡水量超过两亿升，相较之下，德国最长的河流莱茵河每秒流入北海的水量只有 300 万升。就长度来看的话，亚马孙河只比尼罗河短，是世界上第二长的大河。从亚马孙河的源流算起，经过安第斯山脉，最后穿过位于大西洋畔的三角洲入海，全长超过 6000 千米，大约是从德国汉堡到美国纽约那么远的距离！

亚马孙河其实不是单独的一条河流，而是一个流域，它一年里的最高和最低水位相差超过 10 米，河水泛滥是很常见的现象。在雨水丰沛的季节，亚马孙河流域宽达 100 千米的河谷低地地区，可能都会被淹没在水面下，形成所谓的“平原湿地”。

淹没“平原湿地”的河水富含养分，因为亚马孙河的干流会把山区的沉积物冲带下来，这些悬浮在水中的固体颗粒使河水呈略带淡黄的白色，因此又被称为“白水”。至于亚马孙河支流的水则是“黑水”，黑水里含有许多腐殖质，被黑水淹没的雨林区叫作“周期性冠水森林”。从亚马孙河被淹低地的外围开始，则是地势较高，从来没有淹过水的干地。

在被水淹没的森林里，树身无法靠地面支撑。图中这棵树就是靠着气根支撑的。

一群食人鱼甚至可以短时间内把一只大型动物啃到只剩骨头。

大王莲的叶片能支撑 50 千克的重量。

这条水蚺是否准备攻击这只巨獭了呢？如果是的话，它就有一顿大餐吃了，因为巨獭有 2 米长、30 千克重。

不可思议！

在亚马孙河河口，这里的大西洋浪潮有时比河水更湍急，汹涌的海浪可以达到 1~5 米高，并且以时速 65 千米冲向亚马孙河。当地的原住民非常畏惧这种会产生巨响的浪涛，因为这种叫作“波罗罗卡巨涛”的大浪甚至会把他们居住的小屋卷进海里。大胆的冲浪玩家居然在这种魔鬼浪上驰骋，甚至有些人还能在浪头上维持半个多小时呢！

树木要如何在水面下存活？

亚马孙雨林的树木各有自己独特的适应洪水的办法，某些树木会让树叶全部掉落，降低代谢速度，等到水位下降后再发芽长出新叶。但为什么有些树木可以让叶子泡在水中几个月却不会腐烂呢？科学家们到目前为止还没有研究出来。

周期性冠水森林一年最多有 10 个月淹没在水中，可以说几乎是终年都在水面下，能够生长在这片酸性非常强的地区的树木，主要是棕榈类植物。而“平原湿地”出现的则是季节性的洪水泛滥，洪水同时带来许多养分，但这里的树木还是无法像干地的树木长得那么高大，因为泥地无法支撑太大的重量，因此这里的树木大多会长出踩高跷般的根或气根来支撑树身，保持树身稳定。

亚马孙河里有哪些动物？

栖息在整个亚马孙流域的鱼类已知的有 2000 多种，包括世界上最可怕的大型食肉淡水鱼——食人鱼。我们经常听到许多关于食人鱼攻击人类的传闻，但它们只是被血吸引过来。食人鱼的牙齿多而锐利，连体型比它们大几十倍的动物也都能吃个精光，但这些动物通常已经受伤或生病了，所以食人鱼还有避免河水被动物腐尸污染的作用。另外，在许多蜿蜒曲折的支流中还栖息着亚马孙淡水海豚、亚马孙海牛，而巨獭、凯门鳄也在水中追逐猎物。凯门鳄是一种体型较小、但力气很大的短吻鳄鱼。

亚马孙河里甚至还有淡水海豚呢！

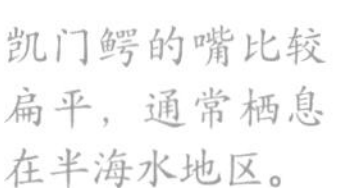

凯门鳄的嘴比较扁平，通常栖息在半海水地区。

棕榈叶小屋和百万人口的都市

听到雨林，我们就会想到珍奇罕见的动植物。而想到当地的居民，我们脑海里浮现的往往是身体半裸，脸上涂成五颜六色的原住民。没错，那里确实还有远离文明社会的原始部落，其中一些甚至和外界完全隔绝。但是在生活于亚马孙地区的超过 2200 万的居民里，过着传统生活的原住民只占其中一小部分，这些南美洲人大多穿着牛仔裤，留着彩绘指甲，即使住在森林深处的人，如今也已享受着手机和电视机的便利，需要的电力则由柴油发电机提供。

雨林里的交通很不发达，许多小村庄必须用船才能到达，当地的家庭主要依赖农业和捕鱼维生。但雨林里不只有乡村，亚马孙平原的第一大城市马瑙斯市人口将近 200 万，主要是因为 19 世纪末种植橡胶的热潮而发展成大都市，当地华丽的歌剧院就是当时建造的。直到今日，马瑙斯市依然是重要的贸易城市，因为这一带亚马孙河的水位很深，即使是载运集装箱的大型货轮都能通行无阻。

雨林居民的房屋大多搭建在高高的柱子上，以阻隔湿气和爬行动物，房屋底下则饲养猪和鸡。这种高脚屋的墩柱取自年轻的硬木，屋内的设备则采用富有弹性的竹子，再铺上棕榈叶作为屋顶，所以想搭建高脚屋，弯刀是不可或缺的工具。比较现代化的房屋则是用木板和白铁皮搭建而成的。

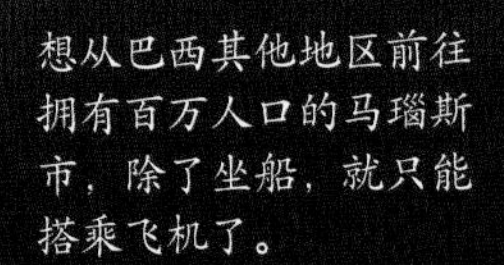
想从巴西其他地区前往拥有百万人口的马瑙斯市，除了坐船，就只能搭乘飞机了。

越南的巴拿族人不用炉灶，而是直接烧火煮饭，他们也用枝条和绳线做陷阱捕捉青蛙和竹鼠来吃。巴拿族人过的是半游牧式的生活，他们会开垦出小面积的雨林土地种植稻米和木薯，过了几年土壤的养分耗尽了，他们再迁移到别的地方去。巴拿族人用“吃森林”来表达“居住”的意思。

只有极少数的雨林原住民，还过着类似图中这名巴布亚新几内亚青年的传统生活。在亚马孙河沿岸，有许多部落因为早年欧洲人的抵达而灭绝了，原因之一是这些印第安人被当成了奴隶或是遭到杀害。另一个原因则是先前到这里的文明社会人类，带来了导致印第安人死亡的疾病。而对于如今还过着原始生活的原住民来说，他们面临的最大威胁是赖以生存的雨林遭到了破坏。

科特迪瓦的人们正在采收可可果。两颗可可果才能制造一片巧克力，而且必须用弯刀从树上采割并且剖开。

雨林里的农业

位于热带雨林气候区的植物繁茂，很容易让人以为这里一定相当适合种植农作物，但实际上，这里的自然条件并不适合蔬菜或谷类生长。虽然这里的天气就像在温室里，但是土壤贫瘠，又经常下大雨，种植在地面上的作物面临的第一个问题就是：照射到地面的阳光太少了。等到土地开垦好了，却立刻又出现了第二个问题：炙热的阳光会把幼苗晒死。加上缺乏腐殖层，土壤中少量的养分很快就被耗尽了。

为了解决这些问题，当地的原住民想出了不同的办法。亚洲雨林里的部落大多以小家族为单位，过着游耕农业的生活。稻米是他们的主食，他们每次只开垦小面积的土地，等到这块地废弃不用时，可以再恢复成原来的林地。大约每隔 5 年，土地的养分消耗完了，他们就迁移到下一个地方。

雨林里也有养蜂人家，他们饲养蜜蜂以获得蜂蜜。

至于南美洲的印第安原住民采用的则是分层种植的方式，他们首先把林地上杂乱无章的植物除掉，让较多的光线照射进来，然后在保留下来的林木之间种植作物。这样既能保护生态系统不受破坏，又能采收这些树木的果实。

这个亚马孙地区的磨坊会将木薯碾碎，放进水里浸泡后再加以烘烤。压碾木薯时，有毒的汁液会喷溅到沙地上，防止害虫靠近磨坊。

黑土的秘密

向来土壤贫瘠的巴西原始林却出现了富含腐殖质的泥土，这种土壤土质松软，颜色深暗，所以被称为“黑土”。黑土是由木炭、肥料和堆肥组成，并且混杂着陶土碎屑，因此是人工制造的，而制作的人也许是数千年前就在雨林里从事农耕的图皮人（印第安人的一支）。黑土的秘诀在于木炭，黑土中的木炭能避免土壤里的养分被冲刷掉，所以能提高产量。不过到目前为止，科学家们还是不清楚从前的印第安人是如何制造黑土的，因为光是在土壤里混入木炭，并不能达成这种效果。

热带的马铃薯

木薯的优点是不须在特定的时间采收，等到需要时再把它们从地下挖出来就行了。缺点则是，生木薯含有大量有毒的化学物质，无法直接食用，因此在亚洲地区大多拿来喂猪。但是在巴西和非洲，人们却广泛利用这种富含淀粉的块根，他们食用木薯制品，就像欧洲人吃马铃薯或亚洲人吃稻米那么普遍。木薯的叶子也能提供多种珍贵的维生素。

森林赐予的橡胶

早在16世纪葡萄牙人抵达巴西之前的好几千年前，印第安人就已经知道如何利用橡胶了。在他们的语言里，代表橡胶的词语“Cao-ochu”的意思是“树的泪水”，因为橡胶树的树皮受创时会流出白色的树脂。当地的印第安人用橡胶制造许多物品，也用来做成球，来自欧洲的“发现者”一开始却不知道该如何利用这种防水又富有弹性的物质。但很快，利用橡胶制造的物品便接连发明出来，大约1770年时人类发明了橡皮擦，1824年发明了雨衣和雨鞋，但要等到1839年查尔斯·古德伊尔发明了硫化法以后，橡胶才能长久保持弹性，提供广泛应用的产品。

汽车发明以后，全球市场对橡胶轮胎的需求急速增加，也因此带动了巴西的橡胶热潮，为马瑙斯、贝伦等亚马孙地区的城市带来大量财富。但这股热潮最后却突然终止，因为亚洲大型农场开始广泛种植橡胶树，而不久以后，天然橡胶也被利用石油中的物质制造出来的人造橡胶取代了。

工人将橡胶树干划开，用容器接取流出来的乳胶。

不可思议！

英国人亨利·维克汉姆在1876年将橡胶树的种子偷偷带出巴西，好让英国人在他们的亚洲殖民地大量种植，破坏了巴西原本的垄断。

热带珍宝

热带地区的水果香气浓郁且含有丰富的维生素，尤其像凤梨（菠萝）、香蕉和百香果更是深受欧洲人喜爱。这些水果大多在还没成熟时就被采摘下来用船运送，在仓库里经过后熟作用后才上市销售。

但是并非所有的热带水果都受得了这种运输过程，其中有许多水果容易受损，无法经受长途跋涉，所以现在有许多热带水果必须用更便捷高效的飞机运送。

另有一些水果很容易腐烂，必须在当地享用，例如南希果、大花可可树或曲叶矛榈树的果子等。亚马孙雨林里还有许多我们连名字都没听过的果实。

在巴西到处都有供应鲜榨果汁的小饮料吧，最受欢迎的是俗称巴西莓的一种棕榈果实，他们把这种果实做成甜甜的浓汁当作活力饮料，味道有点像蓝莓布丁。更棒的是亚马孙地区的水果店，你可以任意试吃好多种水果，而且那里的水果非常便宜！

巴西某市场上销售的棕榈果实，其中只有少数几种，比如蓝黑色、富含维生素的巴西莓为我们所熟知。

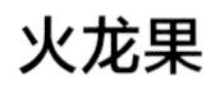

随着全球贸易交流频繁，有越来越多的雨林水果外销到世界各地，这里的水果都来自亚洲。

酸角

龙功果

可可果

可可树

咖啡豆

咖啡和可可

对许多人来说，咖啡和可可几乎是不可或缺的食物，但直到欧洲国家在南美洲、亚洲和非洲建立殖民地以后，欧洲人才知道世界上有这种东西。直到现在，它们仍然只在热带地区生长，可可豆躲藏在可可果里，而可可果是直接从可可树干上长出来的。咖啡树是灌木，圆圆的红色果实很像樱桃。

香草荚

黑　金

梵尼兰是一种爬蔓类的兰科植物，开花授粉后的豆荚就是香草荚。香草荚还青绿时就得采收，杀青后经过阳光曝晒才会散发出香味。除了广泛用于各种食品，世界上销售的香水有百分之四十都添加了梵尼兰成分。

雨林的羽绒

美洲木棉是雨林的棉花。美洲木棉树主要生长在南美和东南亚，树形壮硕，直到不久前才开始人工种植。美洲木棉的纤维带有蜡质，能防水，但纺织不易，因此主要作为床垫或救生衣的填充物。通过近年来研发出的新方法，美洲木棉能与棉花混合做成衣服。

知识加油站

- 雨林里虽然有着丰富的水果，却不适合进行农业活动，因为经过几年以后，土壤里的养分就被耗尽了。
- 橡胶热潮使亚马孙河沿岸的某些城市壮大并且变得富有。
- 许多热带水果无法外销到欧洲，因为它们很容易破损和腐坏。

相互依存的体系

雨林是一个历经数百万年、由动植物形成的复杂体系，这些动植物之间彼此依赖，其中最好的例子是生长在亚马孙地区、可以长得非常高大的巴西坚果树。

你如果曾经试过把巴西坚果(又叫鲍鱼果)打开，就知道它们的壳有多硬了。巴西坚果的果实里最多有 40 颗种子，果实外包覆着一层坚硬的外壳，以免遭到强有力的鸟喙啄食。当圆球状的巴西坚果掉落地面时，果实里小坚果裂开的声音就会吸引刺豚鼠过来。

刺豚鼠的体型相当小，长有锐利的牙齿，有办法吃到坚硬的巴西坚果的种子。它们和松鼠一样会储存粮食，不过经过一段时间后它们就会忘记某些粮食藏在哪里，于是这些没有被吃掉的种子就有机会发芽成长。

巴西坚果树除了依靠刺豚鼠帮它们传播种子，还得依赖兰花蜂协助传播花粉，而这些兰花蜂又需要某种特定的兰花才能存活。但它们不是为了吸食兰花的花蜜，而是雄性兰花蜂需要采集这些特殊兰花的香气，以吸引雌蜂，如此才能繁衍下一代。

不过，这种相互依存的故事还没有结束，几乎所有雨林树木的根部都需要某种真菌提供养分，巴西坚果树也不例外。正因为如此，巴西坚果树直到现在还无法以人工方式大量栽种，它们必须在雨林这种相互依存的关系网里才能存活下去。

动物如何协助植物繁殖?

所有的植物都和巴西坚果树一样，必须让花朵授粉，并且让种子传播到其他地方。在温带地区执行这种任务的除了某些昆虫以外，大多由风力执行。但在雨林里却行不通，因为那里只有极少数超出树冠层的树木才能借由风力传播花粉和种子，其他雨林植物大多数通过动

巴西坚果的花靠兰花蜂授粉。成熟的巴西坚果包裹在拳头大小的外壳里，刺豚鼠找到掉落在地上的巴西坚果后，会把它们叼走藏起来，而刺豚鼠忘了吃的种子就有机会发芽成长。

鸟类和蝙蝠无法像昆虫那样直接钻入花朵，科学家因此猜测，许多雨林树木的花朵都直接长在树干上，是为了方便传粉动物接近。例如可可树（左图）的花就是一种“干生花”，它们的果实和波罗蜜（上图）一样，都是直接长在树干上，这样还能避免大雨的伤害。

物把种子带往别的地方，或是让动物吃下自己的果实，然后种子随着动物的粪便排泄到远处。猴子吃的通常是大而多汁的水果，鹦鹉和巨嘴鸟的喙强而有力，吃的是坚硬的棕榈果实。另有许多鸟类，例如蜂鸟和吸蜜鸟则趁着吸食花蜜时，把花朵上的花粉带到其他花朵上。另外，生活在雨林中的蝙蝠大多以果实和花蜜维生，它们也是帮植物传播花粉的好帮手。

植物为何要为动物提供家园?

植物本来大有理由把动物当成吃自己的敌人，不让动物接近，但雨林里却有许多植物和动物共生。所谓“共生”，指的是不同的物种为了彼此的利益而互相合作，例如树木和真菌形成的“菌根”就是一种共生现象。而动物为植物传播花粉，植物以花蜜答谢动物，也是一种共生现象。

雨林里到处可见这种合作关系，其中有一种很特殊的喜蚁植物，它们会让蚁群保护自己，避免遭到毛虫或其他虫子啃食。而为了答谢蚁群的协助，植物则提供中空的茎部或根部供蚁群居住。还有一些喜蚁植物的蜜腺则为它们的保护者提供食物。

共生有许多形式，并且这种关系往往非常固定，合作双方如果少了一方，另一方也就无法继续存活了。

世界纪录

1.8 克

世界上最小的鸟只有这么重——比一根鸵鸟毛还轻！这种吸蜜蜂鸟的身长只有5厘米，几乎和熊蜂一样大，所以又叫作“熊蜂鸟”。它们栖息在古巴，一天最多可为1500朵花传播花粉。

香蕉花在夜晚开放，会吸引蝙蝠过来吸蜜传粉，因此香蕉花相当大，外面包覆着非常壮硕且像皮革般的苞片。

雨林植物能吸收二氧化碳，一旦雨林被烧毁，二氧化碳就会散逸到大气层中，加强温室效应，使地球温度升高。

雨林面临危险了！

雨林为我们提供了无数的珍宝，这些大自然的神奇恩赐有一部分你已经知道了，但为了这些珍贵的礼物，我们有时也必须付出昂贵的代价。雨林地下还蕴藏着黄金等贵金属，或是制作铝材所需的铝土矿等矿石资源。人类为了采矿，也为了建造通往那里的道路，以及建造水坝供应人们需要的电力，而大肆砍伐原始森林。此外，金矿石往往通过水银和氰化物提炼，而且没有过滤就直接排入河流里，进而毒化了整片森林。

近年来，油棕榈和黄豆的大量种植更加速了雨林的破坏。棕榈油可以添加在巧克力等食品里，但主要是用来制作所谓的“生质燃料”。富含蛋白质的黄豆则主要外销，作为家畜饲料。而为了能在雨林里种植油棕榈和黄豆，必须先火耕开垦。焚烧森林的灰烬虽然为贫瘠的森林土壤提供肥料，但历经几年后，当地的土壤就再也无法提供农作物需要的养分了。

另外，裸露的土壤很容易被热带地区的雨水冲刷掉，而原本湿润的土壤被阳光曝晒后，

亚马孙河上的畜类运输：雨林的土地很便宜就能取得，以破坏雨林为代价发展的畜牧业满足了全球日渐增长的肉类消费需求。

方法 1：尝试少吃快餐

连锁快餐集团虽然喜欢在广告里打造环保形象，但便宜的肉制品却是亚马孙雨林受到破坏的最主要原因。根据联合国粮食及农业组织的研究，巴西遭到破坏的土地面积，有百分之七十左右都被开垦来种植牧草。另外，人们还种植黄豆，销往欧洲等地区作为廉价的饲料和其他用途。所以如果我们想要承担起保护雨林的责任，最直接的办法就是少吃快餐。少吃快餐的话，肉类需求就会减少，雨林里破坏环境的畜牧业也会减少。

热带国家的人民大多相当贫穷，许多人为了获取燃料、牧草或农田而摧毁雨林：这里的土地看似没有人居住，可以尽情利用。当地的木材被人贩卖或是做成木炭，剩下来的植物就放火烧掉。短短几年后土壤中的养分利用完时，他们就必须迁移到其他地方，另一片雨林也就跟着消失了。

就变得像烧过的陶土一样，原本植物茂密的森林于是变成了草原，顶多只能够长出草本植物或者稀疏的灌木。例如从前绿意盎然的马达加斯加岛，如今土地大多已经不能再利用了，当地居民的生活非常贫苦，只好把脑筋动到还没有开发的雨林地区。

这些事虽然都发生在离我们很遥远的地方，但身为众多雨林产品的消费者，我们还是可以发挥自己的力量并产生影响。地球的绿色宝藏面临了危险，只要我们愿意付出并行动，仍然有许多办法守护这个宝藏。

谁能因为掠夺雨林而获利？

破坏往往遵循相同的模式：全球性的跨国集团先以贿赂的手段争取贪污的政府撑腰，接着肆无忌惮地实现他们的目标，例如开辟新的大型农场或采矿场。原住民的财产因此遭到侵占，但他们的抗议声浪却没有人理会。

有时，这些计划会以提供就业机会为名义吸引当地居民，但最后他们却只能打打零工，赚取无法满足温饱的工资，而所有的利益都被企业和贪污的官员夺走了。另一方面，我们不得不承认，我们自己也是掠夺森林资源的受益者，因为我们能以便宜的价格在自己的家园购买那些来自雨林的产品。

方法 2：购买公平贸易的产品

许多热带地区的产品都是剥削当地人的利益而生产出来的。大型企业集团给农民的价格往往低到农民们连煤气炉或太阳能炉都买不起，当地农民只好利用雨林的木柴制成木炭，也就是把自己的生活基础——森林，当作燃料来烧火做饭！由于缺乏环保教育的缘故，他们并不了解森林的重要性。那里没有学校，就算有，当地的儿童很早就得工作来帮助养家，这种贫穷的恶性循环需要公平贸易加以破除。左图是“国际公平贸易认证标章”，由国际组织认证和督查，目的就在于保证合作的发展中国家的农民能获得较高的收入。

最后一批木材在这里等候运送，地面已经整平，第一批油棕榈也已经种下了。从前的原始森林，如今成了一大片油棕榈农场。

方法 4：节约能源

雨林最新的敌人有着一个看似环保的名称，叫作“生质燃料”，指的是能成为汽车动力燃料，由生物质组成或萃取的一种可再生能源。制造生质燃料需要富含能量的植物，例如甘蔗或油棕榈等只生长在热带地区的植物。在印度尼西亚为了种植油棕榈，有非常大的森林面积遭到开垦，所以与其使用生质燃料，还不如节约使用汽油燃料。

方法 3：积极参与保护行动

可以把零用钱省下来捐给积极保护雨林的机构，如绿色和平组织等，援助他们在当地的工作。另外，许多组织也有区域小组，可以上网查看网页，参与他们的工作。例如创建于 1961 年的“世界自然基金会”，以大熊猫为标志，致力于环境保护工作，也是一个可以参与和贡献自己力量的好平台。

大量种植的油棕榈必须施肥并喷洒农药才能存活，持续喷洒农药是一项危害人体健康和环境的工作。

保护气候的雨林

我们常常把雨林说成是地球的“绿肺”，因为树木能吸收二氧化碳，吐出氧气。基本过程是这样的：植物进行光合作用时会利用光能，把二氧化碳和水转化成糖，同时释放出氧气。但是在思考全球气候的变迁时，这种想法却有个盲点，因为一座成熟的雨林所产生的氧气，跟它在腐烂分解过程中消耗的同样多，唯有年轻、仍在成长中的森林，才会有多余的氧气释放到大气中。

即便如此，保护雨林对地球气候仍有非常重要的意义，雨林如果遭到破坏，会释放出原来大量储存的二氧化碳，这些二氧化碳会聚集在大气层里，加强温室效应。也就是照射到地球上的阳光并不是进入太空，而是有许多被大气层又反射回地球表面。这样会使地球的温度上升，气候发生异变，比如地球上某些地区会发生严重的干旱或水灾。

方法 5：选择热带林木替代品

以前的环保人士主要是呼吁大家抵制热带林木，如今人们则利用标章证明销售的热带林木来自次生林，而不是砍伐自原始森林。但是要小心，即使这样还是有非法砍伐的木材进口，就算有绿色和平组织参与其中的森林管理委员会所颁发的“FSC”标章，仍然无法确保产品原产国确实做好了管控工作。所以我们最好尽量不使用热带林材，例如刺槐等非雨林木材木质也很好，抗腐耐磨，如果爸妈想购买家具，不妨劝他们购买雨林木材的替代品。

方法 6：使用再生纸

木材公司不只贩卖桃花心木等珍贵木料，一般来说，雨林木材只要花很少的钱就能取得，所以热带木材也会被用来做成扫把柄、马桶盖等，甚至直接打成纸浆造纸。想防止这种事发生，最好的办法就是使用再生纸。图为世界上第一个环保认证标志——德国“蓝天使”环保认证。

真难以想象，这片荒芜的地方曾经是雨林呢！哥斯达黎加的贝拉维斯塔金矿坑在一次滑坡后关闭，但这里的地下水很可能还持续遭受着氰化物的污染。

方法 8：不要任意更换新手机

一部手机的平均寿命只有 18 个月，但手机里珍贵的芯片电容器会用到黄金和钶钽铁矿，而这两种金属矿石大都开采自雨林。另外，笔记本电脑、电视机、相机、电子游戏机等也都含有这些珍贵的材料。所以，同一个机器我们使用得越久，对雨林就越好。如果真的需要更换新产品，也该把旧的送去回收。可惜的是，全世界只有五分之一不到的电子垃圾得到了正确的处理。

方法 7：避免滥用铝制品

铝既轻又坚固，而且不会生锈，能包装食物，也可用来建造房屋，确实非常实用。但我们应该尽量少用。原因不仅是铝的生产需要耗费大量的能源，也因为铝土矿往往是从雨林里开采的！

名词解释

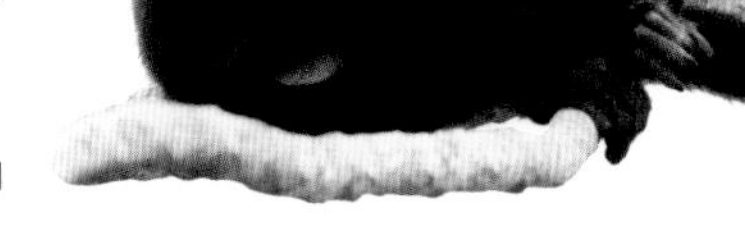

赤　道：把地球分成南半球和北半球的一条假想线。

亚马孙河：南美洲最主要的河流和最大的流域，由位于安第斯山脉秘鲁一带的两条源流汇集而成。最后流入大西洋。

亚马孙流域：亚马孙河经过的地区，包含巴西、玻利维亚、秘鲁、厄瓜多尔、哥伦比亚、委内瑞拉、圭亚那、法属圭亚那和苏里南等国家的部分地区。

铝土矿：能从中提炼出金属铝的天然矿石资源。

生质燃料：由可再生的资源制造，利用储存在植物中的能量制成的汽车动力燃料。

火　耕：放火焚林的火耕法，是开垦雨林耕地常用的方法。

吼　猴：南美洲最典型的蜘蛛猴科动物，吼声响亮，尾巴末端能像手一样抓取物品。

氰化物：有剧毒，和水银一样能用来提炼黄金。

附生植物：不是生长在地面上，而是附着生长在树木上的植物。

分层种植：南美洲印第安人典型的农耕方式，在树木间种植，保留了绝大多数的林地。

进化论：这种理论认为不同的物种是经由突变和大自然的选择演变而成，最能适应环境的生物存活的概率最大。本质就是“适者生存”。

角　雕：一种南美洲的猛禽，惯于在树冠猎食猴子和树懒，在残留的林地树木上筑巢。

腐殖土：有机物经过分解后形成的土壤，雨林中缺少这种富含腐殖质养分的土壤层。

原住民：指在被外来的多数族群征服前长期生活在某个地区，且在外来族群影响下仍然保有自己文化与语言特色的族群。例如亚马孙地区的印第安人，也称为土著。

周期性冠水森林：有规律地被黑水淹没的亚马孙林地。

橡胶树：一种含有既防水又富弹性的白色树脂的树木。

菌　根：土壤中，某些真菌与植物根的共生体。

棕榈油：从油棕榈果肉榨取而得，可以作为生质燃料或食用油，是相当重要的天然资源。

信　风：从海洋向西，朝赤道方向吹的风。

光合作用：植物生长的基本条件，叶绿素利用光能把水和二氧化碳等低能量的物质转化成高能量的碳水化合物（糖类），在这个过程中会释放出氧气。

波罗罗卡巨涛：即 Pororoca，是一种巨响海潮。印第安人用以称呼通常发生在春季，从大西洋往上涌入亚马孙河的海浪。

原始森林：不曾遭到人类破坏，天然形成的森林。

黑　水：养分贫瘠、带酸性的亚马孙地区的河流。

次生林：原始森林经过开垦利用后，恢复形成的森林。

共　生：两种物种为了彼此的利益而互助合作的现象。

干　地：亚马孙平原中位于较高处，不会被水淹没的林地。

黑　土：一种混杂木炭等材料制成的肥沃土壤。

温室效应：由于排放到大气中的温室气体（例如二氧化碳、甲烷等）增多，使大气逆辐射增强，导致地球温度上升的现象。

原生林：同“原始森林”。

游耕农业：每次只开垦小片土地，经过几年后离开，迁移到其他地方的农耕方式。

白　水：含有沉积物，富含养分的亚马孙地区的河流。

平原湿地：汛期时被白水淹没的亚马孙林区。

图片来源说明/images sources:
Archiv Tessloff:10/11(Hg.)Corbis:11中下(Ocean),11右下(C.Ruoso/JH Editorial/Minden Pictures),19左下(Ocean),22右上(M. & P.Fogden),27右下(G.Steinmetz),28右上(G.Lewis/AgStock Images),29 (Hg.-F.Lanting),29中右(T.Laman/NGS),34右下(T.Brakefield),35右上(S.Moraes/Reuters),Fairtrade(Logo):45左下，Hain,Odile:8(5),Images.de/BIOSphoto:12中右，Jeschke,Caroline:14,Kelly,Bruno:25左下,Laman,Tim:20中,Laska Grafix:13,NASA:6中右(Provided by the SeaWiFS Project,NASA/Goddard Space Flight Center,and ORBIMAGE),Nature Picture Library:2右上(I.Relanzon),2左下(B.Mate),2右下(A.Rouse),4中下(A.Hyde),4中右(A.Hyde), 5 (I.Relanzon),6/7(Hg.-N.Garbutt),7右上 (R.Nussbaumer),9中右(P.Savoie),10 下左 (A.Rouse),10中 (K.Schafer),10右上(K.Wothe),11左下 (L.Stone),11中右 (K.Wothe),12左上(M.Bowler),12右上(B.Mate),14中右 (Bären-L.C.Marigo),18中右(K.Schafer),19左上(A.Rouse),20中右(K.Taylor),20右下(T.MacMillan/John Downer Pr),21 中左 (G. Hellier),21中右 (M.Bowler),22/23 中 (S.Eszterhas),23 中右(R. Seitre),23右上(2x-R. Seitre),24左下(I.Arndt),24 中右(falsche S.-M. Kern),24中右 (echte S.-D. Heuclin),24中右(Raupe-I.Arndt),24右下(Nature Production),28 中(M.Cooper),35左上(N.Gordon),35下左 (Doc White),35右下 (F.Savigny),42中下(D.Heuclin),42中 (L.Marigo),43左上(M.Cooper),43右下(M.Potts),44中(Aflo),48右上(D.Tipling),Picture Alliance:31中下（M.Schöner）,38上（Cultura RF）,45左上（WaterFrame）, Rettet den Regenwald: 46上(SOB),46中 (Inge Altemeier),46下(Klaus Schenk),47(Hg.-Miramar al Grano), Shutterstock:1(S.Bidouze),3中左 (isaxar),3右下 (rodho),4右上(LVV), 4/5中 (rodho),5中左(L.Baldwin),5左下(J.Hongyan),6左下(f9photos),10中(R.Teteruk),10右下(szefei),11中左 (kkaplin),11中上(J.Lugge),11右上 (neijia),12右下 (smuay),14 (icons-glyph),14右 (Boa-M.Kranz),14右上(S.Foote),15左下(Tausendf.-kamnuan),18上(R.Bolton),18中右(D.Gomon),19中右(worldswildlifewonders),19右上(A.Kuznetsov),19(Hg.-M.Tilghman), 21右下(D.Hebert),22/23 (Hg.Blatt-rodho),24右上(alslutsky),24中上(joingate),25(Hg.-MJ Prototype),26右下(Waddell Images),26左下(T.Kulgarin),26/27(Hg.-STILLFX),28中下(margaret),29中左(R.Loesche),30中右(Skynavin),30右上(M.Wulf),31上(Amnartk),32上(Dr.Morley Read),32中下(D.Ercken),33中右 (Pefkos),35右下(Hg.Blatt-J.Hongyan),36右上(T.Olson),37(isaxar),39中(An Nguyen),40中(JBK),41左上(tristan tan),41中左(M.G.Saavedra),41中(Goncharuk),41右上 (sursad),41左下 (pittaya),42/43 (Blatt-rodho),42中右(amskad),47中右(aarrows),47左上(A.Amat),Thinkstock:10左上(D.Ercken),10中(H.Berkovich),14右下(E.Isselé),15中上(F.Selivanov),15左上 (Hemera Technologies),15中左 (PhotoTalk),20中左(S.Partridge),22中(K.Joergensen),23右下(luoman),23左下(J.Southby),25右上 (D.Ercken),34左上(A.Bakulina),40中下(E.Schweitzer),40右下(prawit_simmatun),40左下(Pongphan Ruengchai), 40中左(Drachen-Zoonar RF),Umweltbundesamt(Logo Blauer Engel): 47中上，Werdes,Alexandra:15下,21中上,24中下, 26右上,28左下,30中上,34右上,36中上,38中下,39右下,39右上,44右下,Wikipedia:12中下,15 中右 (NHM),15右上,19右下,22下,36/37下(N.Palmer),Wildlife:3右上（D.L.Buerkel）,9右上（D.L.Buerkel），27 上,28中上,30下（D.L.Buerkel）33右上,Wittdorf,Mona:5左上,33左上,36左下,36中下,39右下,40左上,42右下,43左下,43中上,WWF:13右上，Zieger,Reiner:16/17,18
封面图片：U1: Shutterstock (E.Rivero), U4: Thinkstock (D.Ercken)
设计: independent Medien-Design

内 容 提 要

本书从雨林整体生态、雨林的动物、雨林的植物、雨林中的人 4 个方面来为我们逐层介绍热带雨林的生态环境与自然景观，帮助读者了解神秘的热带雨林世界。《德国少年儿童百科知识全书·珍藏版》是一套引进自德国的知名少儿科普读物，内容丰富、门类齐全，内容涉及自然、地理、动物、植物、天文、地质、科技、人文等多个学科领域。本书运用丰富而精美的图片、生动的实例和青少年能够理解的语言来解释复杂的科学现象，非常适合 7 岁以上的孩子阅读。全套图书系统地、全方位地介绍了各个门类的知识，书中体现出德国人严谨的逻辑思维方式，相信对拓宽孩子的知识视野将起到积极作用。

图书在版编目（CIP）数据

走进热带雨林 /（德）雅丽珊德拉·韦德斯著 ; 赖雅静译. -- 北京 : 航天工业出版社, 2021.10（2022.1 重印）
（德国少年儿童百科知识全书 : 珍藏版）
ISBN 978-7-5165-2748-1

Ⅰ. ①走… Ⅱ. ①雅… ②赖… Ⅲ. ①热带雨林一少儿读物 Ⅳ. ① P941.1-49

中国版本图书馆 CIP 数据核字（2021）第 196517 号

著作权合同登记号
图字 01-2021-4062

Regenwald. Grüner Schatz der Erde
By Alexandra Werdes

走进热带雨林
Zoujin Redai Yulin

航空工业出版社出版发行
（北京市朝阳区京顺路 5 号曙光大厦 C 座四层　100028）
发行部电话：010-85672663　010-85672683

鹤山雅图仕印刷有限公司印刷　　全国各地新华书店经售
2021 年 10 月第 1 版　　2022 年 1 月第 2 次印刷
开本：889×1194　1/16　　字数：50 千字
印张：3.5　　定价：35.00 元